굴리굴리 프렌즈와 함께하는

# 선긋기

김현(굴리굴리) 지음

한빛에듀

지은이 **김현**

친근하고 사랑스러운 캐릭터로 포털 사이트, 우유, 화장품, 호텔, 후원 단체 등 다양한 곳에서 협업 활동하며 대중적인 사랑을 받는 그림 작가이다. 학교에서 디자인을 공부하고, 그림 작가 굴리굴리(goolygooly)로 작품 활동을 시작했다. 두 아이의 아빠가 되면서 동심 가득한 그림책 작업에 몰두했으며, 2000년 한국출판미술대전에서 특별상을 받았다. 그린 책으로는 《굴리굴리 프렌즈와 함께하는 미로 찾기》, 《굴리굴리 프렌즈와 함께하는 색칠하기》, 《굴리굴리 프렌즈와 함께하는 그림 찾기》, 《내 사과, 누가 먹었지?》, 《찾아봐 찾아봐》, 《굴리굴리 프렌즈 컬러링북》, 《꽃씨를 닮은 아가에게》, 《계절은 즐거워!》 등 유아 그림책과 컬러링북이 있다.

홈페이지 www.goolygooly.com

## 굴리굴리 프렌즈와 함께하는 선 긋기

**초판 1쇄 발행** 2017년 12월 1일
**초판 3쇄 발행** 2022년 2월 20일

**지은이** 김현 **펴낸이** 김태헌
**총괄** 임규근 **책임편집** 전정아 **기획** 하민희 **진행** 최은송
**디자인** 천승훈
**영업** 문윤식, 조유미 **마케팅** 신우섭, 손희정, 박수미 **제작** 박성우, 김정우
**펴낸곳** 한빛에듀 **주소** 서울시 서대문구 연희로 2길 62 한빛미디어(주) 실용출판부
**전화** 02-336-7129 **팩스** 02-325-6300
**등록** 2015년 11월 24일 제2015-000351호 **ISBN** 979-11-6224-032-8 64410

이 책에 대한 의견이나 오탈자 및 잘못된 내용에 대한 수정 정보는 한빛에듀의 홈페이지나 아래 이메일로 알려주십시오. 잘못된 책은 구입하신 서점에서 교환해 드립니다. 책값은 뒤표지에 표시되어 있습니다.
**한빛에듀 홈페이지** edu.hanbit.co.kr **이메일** edu@hanbit.co.kr



**사용연령** 3세 이상 / **제조국** 대한민국
**사용상 주의사항** 책종이가 날카로우니 베이지 않도록 주의하세요.

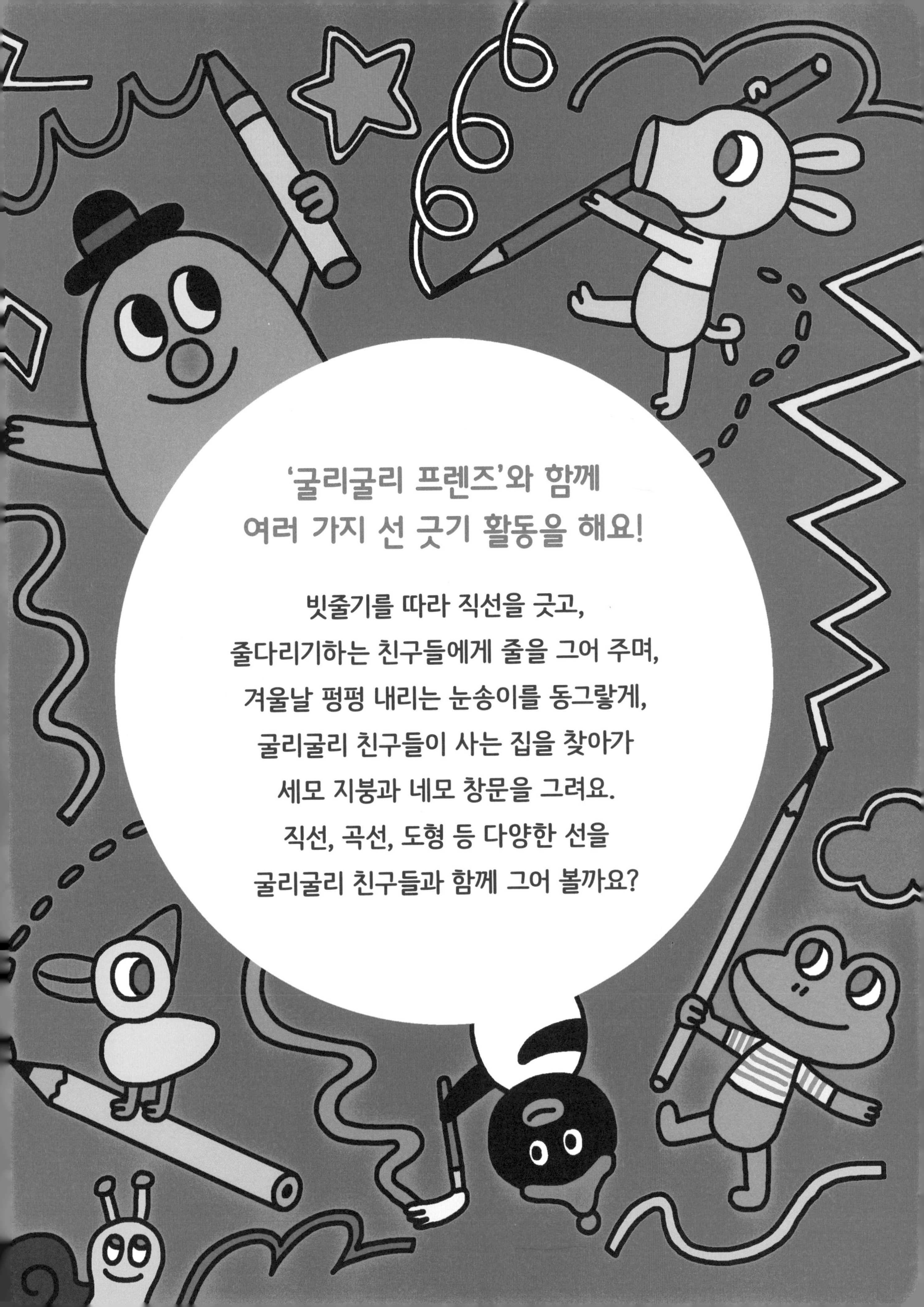
'굴리굴리 프렌즈'와 함께
여러 가지 선 긋기 활동을 해요!
빗줄기를 따라 직선을 긋고,
줄다리기하는 친구들에게 줄을 그어 주며,
겨울날 펑펑 내리는 눈송이를 동그랗게,
굴리굴리 친구들이 사는 집을 찾아가
세모 지붕과 네모 창문을 그려요.
직선, 곡선, 도형 등 다양한 선을
굴리굴리 친구들과 함께 그어 볼까요?

# 만나서 반가워! 굴리굴리 프렌즈를 소개할게

**데이지**

데이지는 수줍음이 많고,
토끼처럼 귀가 크고 길어요.

**포비**

포비는 호기심이 많아요.
배를 타고 모험을 떠나는 걸 좋아해요.

**팬지**

팬지는 눈이 내리는 곳에서 태어났지만,
따뜻한 곳을 좋아한답니다.

# Gooly Gooly Friends

루피

루피는 눈이 노란색이에요.
머나먼 별에서 여행을 왔지요.

로이

로이는 작고
귀여운 오리예요.
포비를 따라다니는
꼬마 친구랍니다.

시로

시로는
눈사람이에요.
겨울 숲에서
태어났답니다.

# 굴리굴리 친구들과 연필을 바르게 잡아 볼까요?

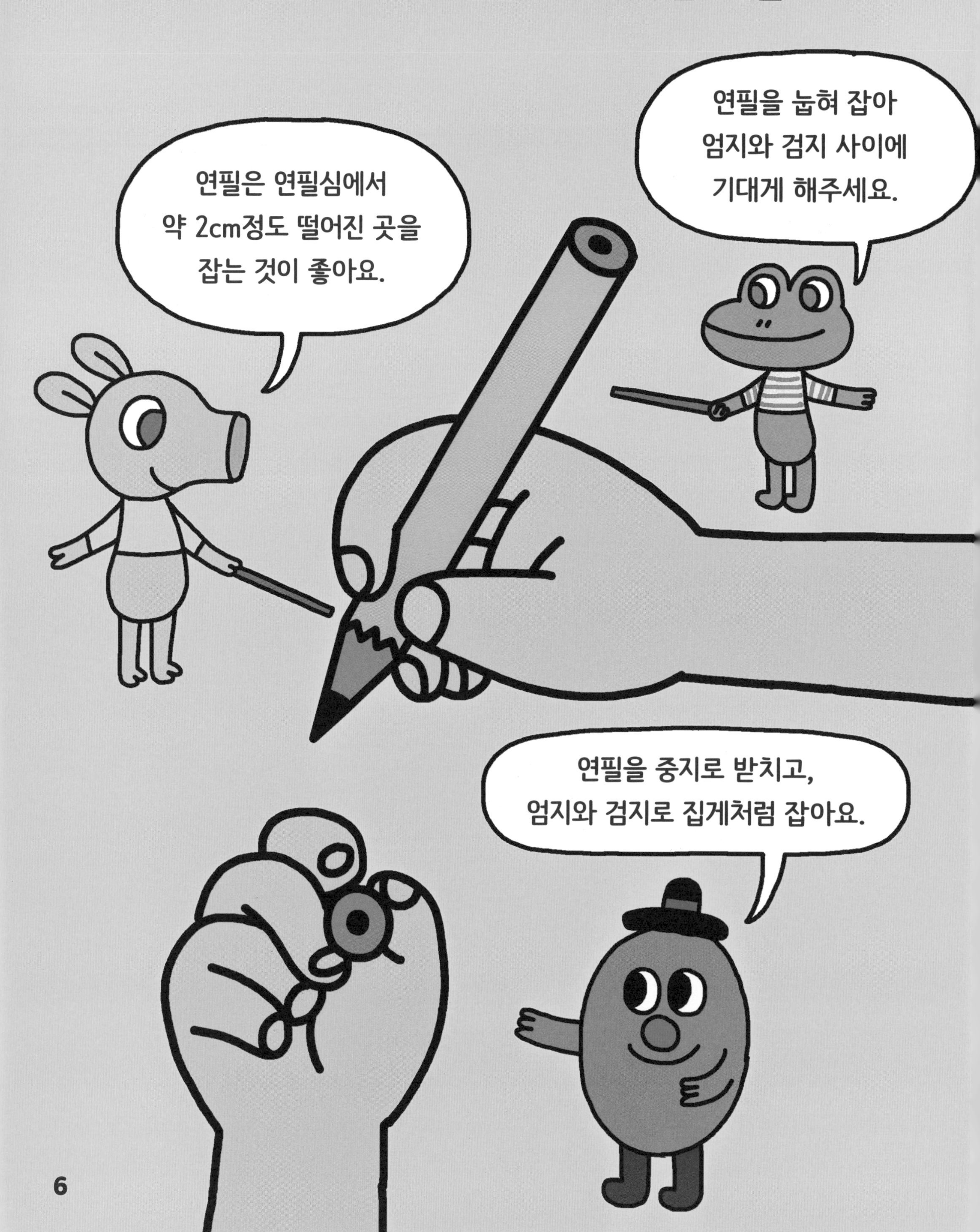

# 굴리굴리 친구들과 어떤 선을 그어 볼까요?

선을 그을 때는 →화살표에서 시작해 ●빨간점까지 그어 주세요.

### 직선과 사선 긋기

데이지 얼굴이 있는 페이지에서는
직선과 사선을 긋는 활동을 해요.

### 곡선 긋기

루피 얼굴이 있는 페이지에서는
구불구불 선을 긋는 활동을 해요.

### 지그재그 긋기

포비 얼굴이 있는 페이지에서는
지그재그를 긋는 활동을 해요.

### 도형 긋기

시로 얼굴이 있는 페이지에서는
세모, 네모, 동그라미 등
다양한 도형을 긋는 활동을 해요.

### 자유롭게 선 긋기

로이 얼굴이 있는 페이지에서는
긴 선을 긋는 활동을 해요.

### 종합적인 선 긋기

팬지 얼굴이 있는 페이지에서는
직선, 곡선, 도형 등 다양한 유형의
선을 긋는 활동을 해요.

# 직선과 사선 긋기

굴리굴리 친구들이 연필로 선을 그어요.
우리도 ➔부터 ●까지 선을 그어 보아요.

# 직선과 사선 긋기

굴리굴리 친구들은 빗소리를 좋아해요.
하늘에서 내리는 비를 따라 선을 그어 보세요.

굴리굴리 친구들이 줄다리기할 거예요.
→부터 ●까지 선을 그어 줄을 만들어 주세요.

시로가 페인트로 담장을 칠해요.
담장 사이사이를 선으로 그어 보세요.

## 직선과 사선 긋기

포비는 스키를, 시로는 미끄럼을 타요.
미끄러지는 방향을 따라
→부터 ●까지 선을 그어 보세요.

## 직선과 사선 긋기

포비와 로이가 풍선을 가지고 놀아요.
선을 그어 풍선의 줄을 만들어 주세요.

포비, 루피, 로이가 열기구를 타고
하늘 높이 올라갔어요. →부터 ●까지
선을 그어 열기구와 바구니를 연결해 주세요.

굴리굴리 친구들이 좋아하는 과일이에요.
과일 반쪽을 찾아 선을 그어 주세요.

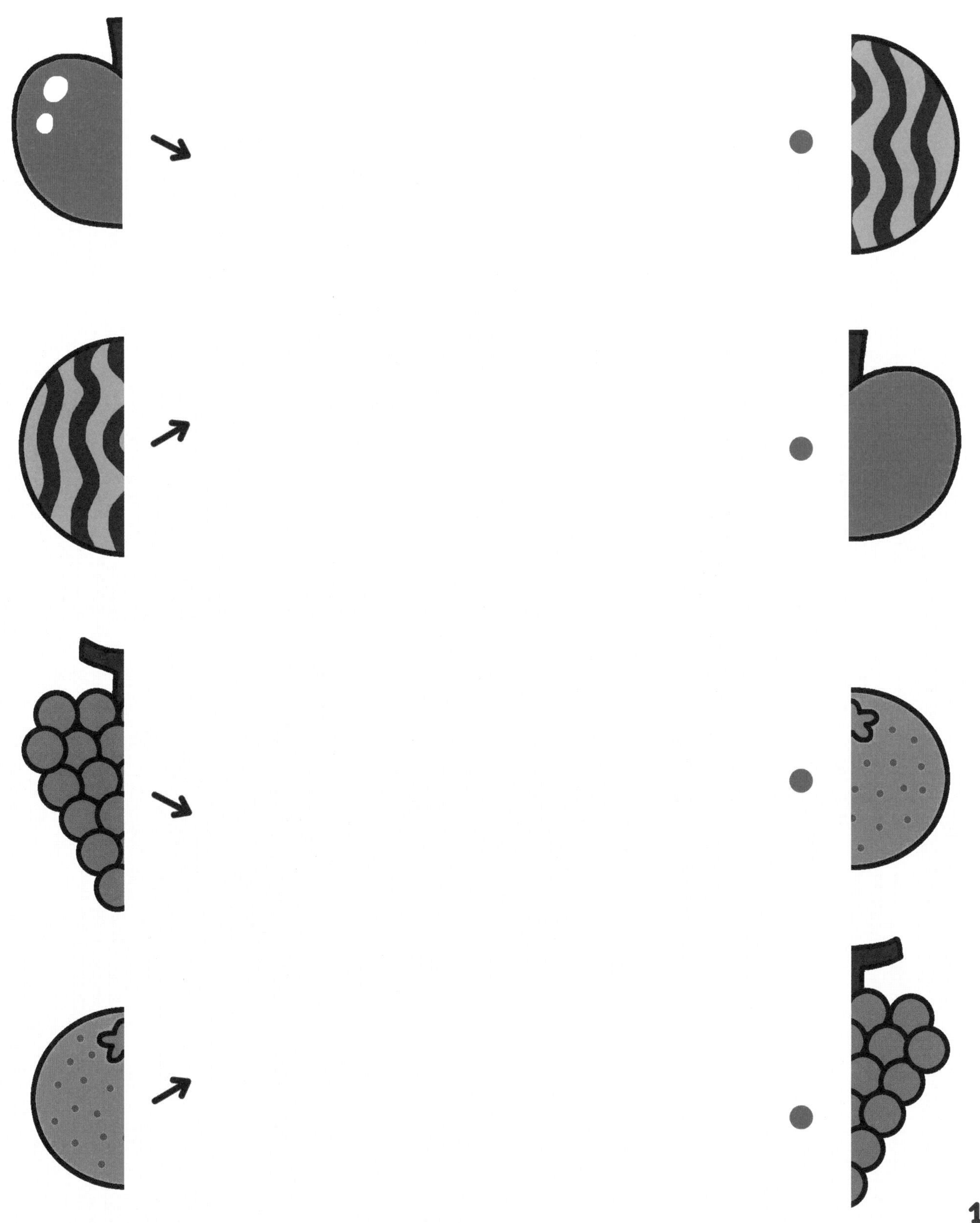

팬지가 물속에서 줄무늬가 있는 물고기를 만났어요.
멋진 줄무늬를 따라 선을 그어 보세요.

굴리굴리 친구들이 공놀이를 해요.
→부터 ●까지 선을 그어 공을 찾아 주세요.

굴리굴리 친구들이 이불을 덮고 잠을 자요.
이불 위에 선을 그어 무늬를 만들어 주세요.

포비, 로이, 루피가 모래 위에 선을 긋고 있어요.
친구들과 함께 ➔부터 ●까지
짧은 선, 긴 선, 구부러진 선을 그어 보세요.

# 곡선 긋기

데이지와 포비가 꽃밭에 물을 주고 있어요.
꽃을 따라 ➔부터 ●까지 선을 그어 보세요.

# 곡선 긋기

루피가 맛있는 팬케이크를 만들었어요.
팬케이크의 테두리를 따라 선을 그어 보세요.

굴리굴리 친구들이 꽃향기를 맡았어요.
꽃까지 잘 찾아갈 수 있게
➔부터 ●까지 선을 그어 주세요.

## 곡선 긋기

굴리굴리 친구들이 물놀이하고 있어요.
물결을 따라 선을 그어 보세요.

데이지가 굴리굴리 친구들과
함께 먹을 수박을 샀어요. 수박 무늬를 따라
→부터 ●까지 선을 그어 보세요.

머리카락이 없는 루피는
머리카락이 나는 상상을 했어요.
루피에게 구불구불한 머리카락을 그려 주세요.

귀가 크고 수줍음이 많은 데이지를 그려 볼까요?
→부터 ●까지 선을 그어 데이지를 그려 보세요.

포비는 데이지의 단짝 친구예요.
→부터 ●까지 선을 그어 포비도 그려 보세요.

깊은 산속 굴리굴리 숲에 친구들이 살고 있어요.
→부터 ●까지 굴리굴리 숲을 선으로 그어 볼까요?

우르르 쾅쾅 번개가 쳐요. 곧 비가 올 것 같아요.
선을 그어 번개 치는 모습을 그려 보세요.

데이지가 방에 친구들 사진을 걸어 놓았어요.
→부터 ●까지 선을 그어 네모난 액자를 그려 보세요.

시로가 로이에게 비눗방울을 불어 줘요.
동그라미를 그려 비눗방울을 만들어 보세요.

데이지와 포비가 바닷가에서 연을 날려요.
→부터 ●까지 선을 그어 마름모 연을 그려 보세요.

루피와 로이가 돛단배를 탔어요.

→부터 ●까지 선을 그어 세모 돛을 그려 주세요.

팬지가 친구와 함께 로이 집에 놀러 가요.
→부터 ●까지 선을 그어 집들의 지붕을 그려 주세요.

데이지, 포비, 루피가 캠핑해요.
선을 그어 반짝반짝 빛나는 별을 그려 주세요.

북극에서 온 팬지를 그려 볼까요?

→부터 ●까지 선을 그어 팬지를 그려 보세요.

루피는 먼 우주에서 여행 온 친구예요.
→부터 ●까지 선을 그어 루피를 그려 보세요.

데이지 친구 마루가 맛있는 요리를 만들어요.
선을 그어 마루의 동그란 얼굴과 표정을 그려 주세요.

루피, 포비, 데이지는 마루가 만들어 준 요리를 먹어요. →부터 ●까지 선을 그어 둥그렇고 넓적한 접시를 그려 보세요.

친구들이 먹고 싶은 음식을 향해 달려갈 거예요.
굴리굴리 친구들은 어떤 음식이 먹고 싶을까요?

친구들 앞에 놓인 길을 따라가 보세요.

→부터 ●까지 선을 그어 음식을 찾아보세요.

데이지가 잠자리를 잡아요. →부터 ●까지 선을 그어 날아간 잠자리를 잡아 보세요.

로이가 루피를 만나려고 해요.
길을 잘 찾아갈 수 있게 선을 그어 주세요.

포비와 루피가 물고기를 잡아요.
→부터 ●까지 선을 그어 그물망을 만들어 주세요.

수영을 잘하는 팬지는 혼자서 물고기를 잡아요.
자유롭게 선을 그어 그물망을 쳐 주세요.

## 종합적인 선 긋기

데이지가 빨간 자동차를 운전해요.
→부터 ●까지 선을 그어 자동차를 그려 보세요.

친구들이 시내에서 데이지의 차를 기다려요.
선을 그어 버스와 건물을 그려 보세요.

데이지와 포비, 로이가 바닷가에 놀러 왔어요.
해변에 소라 껍데기, 불가사리, 미역 등이 있어요.

굴리굴리 친구들과 조개를 주어 볼까요?

→부터 ●까지 선을 그어 바다 생물들을 그려 보세요.

하늘에서 펑펑 눈이 내려요. ➔부터 ●까지 선을 그어 눈송이와 나무를 그려 주세요.

포비와 루피가 눈사람을 만들어요.

→부터 ●까지 선을 그어 눈사람을 그려 주세요.

## 종합적인 선 긋기

숲속 친구들이 숨바꼭질하고 있어요.
루피가 몸을 바꿔 나뭇잎 뒤에 숨었다고 해요.

루피가 어디에 있는지 찾아볼래요?

→부터 ●까지 선을 그어 나뭇잎을 그려 보세요.

팬지와 루피가 새로운 집으로 이사했어요.
→부터 ●까지 선을 그어 집을 그려 보세요.

팬지와 루피의 집이 다르게 생겼어요.
굴리굴리 친구들의 집에 놀러 가 볼까요?

굴리굴리 친구들이 목장에 왔어요.
포비와 루피는 양을 좋아해요.

→부터 ●까지 선을 그어 하얀 뭉게구름 같은 양과
구름, 해 그리고 목장 지붕을 그려 보세요.

포비가 멋진 왕관을 썼어요. →부터 ●까지
선을 그어 뾰족뾰족한 왕관을 그려 보세요.

굴리굴리 친구들 중 작은 친구들이 꽃밭에 있어요.
선을 그어 꽃과 잔디를 그려 보세요.

벌레로 변신한 루피가 사과를 먹을 거예요.
루피가 먹은 길을 따라
→부터 ●까지 선을 그어 보세요.